Sarita Sharma
Aarti Thakkar

Otimização da produção de celulase a partir de diferentes espécies de fungos

Sarita Sharma
Aarti Thakkar

Otimização da produção de celulase a partir de diferentes espécies de fungos

ScienciaScripts

Imprint

Cover image: www.ingimage.com

This book is a translation from the original published under ISBN 978-3-330-65207-1.

Publisher:
Sciencia Scripts
is a trademark of
Dodo Books Indian Ocean Ltd. and OmniScriptum S.R.L publishing group

120 High Road, East Finchley, London, N2 9ED, United Kingdom
Str. Armeneasca 28/1, office 1, Chisinau MD-2012, Republic of Moldova, Europe
Printed at: see last page
ISBN: 978-620-8-35985-0

Otimização da produção de celulase a partir de Diferentes espécies de fungos.

Sarita Sharma e Aarti Thakkar
Professor assistente, President Science College, afiliado à Universidade de Gujarat, Ahmedabad.
E-mail:chingssharma1987@gmail.com
Correio eletrónico: aarti_thakkar2001@yahoo.com

A Sra. Sarita Sharma tem um bom currículo académico e fez a sua investigação sobre a otimização da produção de celulase e a sua atividade em diferentes parâmetros a partir de diferentes espécies de fungos. A Dra. Aarti Thakkar tem também uma longa experiência académica e interessa-se por investigação baseada em biologia molecular, tecnologia de fermentação e produção de enzimas. Ambas publicaram muitos artigos de investigação em revistas internacionais de renome.

Sra. Sarita Sharma
Dr. Aarti Thakkar

Otimização da produção de celulase a partir de Diferentes espécies de fungos.

Otimização da produção de celulase a partir de Diferentes espécies de fungos.

Por
Sra. Sarita S. Sharma
Professor adjunto
Presidente Faculdade de Ciências,
Universidade de Gujarat,
Ahmedabad,
Gujarat,
Índia
Dr. Aarti Thakkar
Professor assistente
Presidente da Faculdade de Ciências,
Universidade de Gujarat,
Ahmedabad
, Gujarat,
Índia

Prefácio

Nas últimas décadas, assistiu-se a uma grande atividade na síntese e no desenvolvimento de enzimas celulósicas a partir de bactérias e fungos, na sua produção e caraterização. Vários investigadores podem considerar várias estratégias de síntese, explorando a reatividade destes organismos com os seus derivados. O objetivo deste livro é fornecer um breve conhecimento sobre as bactérias que degradam o amido e a sua aplicação em enzimas celulósicas comercialmente importantes, que têm uma vasta aplicação industrial devido à sua propriedade de permanecerem activas numa vasta gama de pH e de temperatura. Assim, a enzima celulósica produzida a partir de um isolado natural do solo, as culturas SS1, SS2, SS3 e SS4, é uma enzima celulósica comercialmente importante. Este estudo foi realizado pela Sra. Sarita Sharma no Departamento de Microbiologia, Shri A N Patel Postgraduate Institute, Sardar Patel University, Anand (Gujarat), Índia. Esperamos que os leitores apreciem este texto e o considerem útil nos seus respectivos estudos. .

Sra. Sarita Sharma

Dr. Aarti Thakkar

Índice de conteúdo

Capítulo 1

Introdução

A nível mundial, a quantidade estimada de resíduos gerados foi de 12 mil milhões de toneladas no ano de 2002, dos quais 11 mil milhões de toneladas eram resíduos industriais e 1,6 mil milhões de toneladas eram resíduos sólidos urbanos. Prevê-se que, até 2025, sejam produzidos anualmente cerca de 90 mil milhões de toneladas de resíduos sólidos. Anualmente, só a Ásia gera 4,4 mil milhões de toneladas de resíduos sólidos e os resíduos sólidos urbanos compreendem 790 milhões de toneladas, das quais cerca de 48 milhões de toneladas são geradas na Índia. A eliminação não científica de resíduos causa um impacto adverso em todas as componentes do ambiente e da saúde humana (Lee et al., 2007). Os resíduos agrícolas também causam poluição ambiental. A sua conversão em produtos úteis pode melhorar os problemas que causam. As endogluconases (1,4 β-Dglucan4glucanohidrolase, EC 3.2.1.4) são mais activas contra as regiões amorfas da celulose e podem também hidrolisar celuloses substituídas, como a carboximetilcelulose (CMC) e a hidroxietilcelulose (HEC). Nos últimos anos, uma das aplicações biotecnológicas mais importantes é a conversão de resíduos agrícolas e de todos os produtos lignocelulósicos em produtos de interesse comercial, como o etanol, a glucose e os produtos unicelulares (Ojumu et al., 2003). O elemento-chave no processo de bioconversão de lignocelulósicos para estes produtos úteis são as enzimas hidrolíticas, principalmente celulases (Ojumu et al., 2003; Fan et al., 1987; Immanuel et al, 2007). As bioconversões de materiais celulósicos são atualmente objeto de investigação intensiva como contributo para o desenvolvimento de um processo de conversão em grande escala benéfico para a humanidade. Um dos fungos mais extensivamente estudados é o *Trichoderma reesei*, que converte celulose nativa e derivada em glucose. O organismo celulolítico mais comummente estudado inclui espécies de fungos *Trichoderma sp., Humicola sp., Penicillium sp.* e *Aspergillus sp.* Nesta investigação, uma estirpe produtora de celulase de *Trichoderma viride*, isolada de resíduos sólidos urbanos, foi sujeita à otimização de meios e parâmetros de cultivo para a produção de celulase.

1.1 Resíduos lignocelulósicos:

A lignocelulose, enquanto biomassa vegetal, é a fonte de energia renovável mais abundante da Terra. A nível mundial, as plantas terrestres produzem cerca de 25 toneladas de celulose por pessoa e por ano. A lignocelulose constitui uma grande parte dos resíduos agrícolas, industriais, urbanos e florestais, cuja eliminação é um problema crescente (Akthar, 1998). A reciclagem dos resíduos só contribuiria para a redução da poluição e serviria como fonte vital de energia e alimentos para o futuro. A utilização da celulose é possível através da sua hidrólise em glucose e outros açúcares solúveis que podem ser utilizados como substrato para a produção de combustível líquido como o bioetanol. (Ramya muthukrishnan, 2007).

Química e estrutura dos materiais lignocelulósicos: A celulose polimérica é composta de região cristalina e amorfa. A celulose é um homopolímero linear de unidades ligadas por ligações B-(1,4)glicosídicas, que juntamente com o grupo hidroxilo são responsáveis pelas suas propriedades químicas. Figura: 1

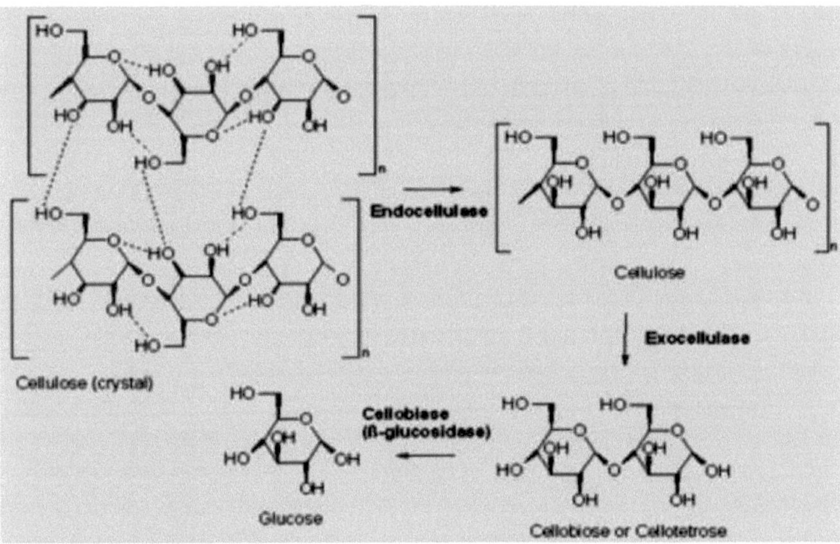

Figura 1.1: Estrutura da celulose.

As moléculas celulósicas estão unidas às hemiceluloses e à lenhina por ligações de hidrogénio e por ligações covalentes para incrustação de compostos de facilidade. O grau médio de polimerização da celulose varia entre 1000-10000 unidades de glucose (callihan et.al 2004). A molécula de glucose é a mais resistente à hidrólise devido à configuração secundária e terciária da sua cadeia. Está intimamente associada a outras estruturas poliméricas protectoras, como a lenhina, o amido, a pectina, as hemiceluloses, as proteínas e os elementos minerais presentes na parede celular das plantas. As hemiceluloses são hetropolímeros de galactose, xilose, manose, arabinose e outros açúcares e ácido urónico que formam ligações éster com o grupo fenólico da lenhina. O comprimento da cadeia nas hemiceluloses é curto e raramente excede o DP de 200 pentose correspondente. A celulose é o principal biopolímero da terra e tem uma enorme importância económica em todo o mundo. A celulose é o principal constituinte de matérias-primas como o algodão e a madeira. A celulose tem atraído a atenção mundial como recurso renovável que pode ser convertido em produtos de base biológica e bioenergia (kim. el al.2003).

1.2 Celulase:

As enzimas celulolíticas são um grupo de enzimas hidrolíticas capazes de hidrolisar a celulose em glucose. A glucose produzida pode ser utilizada na alimentação humana e animal para a produção de produtos químicos. Estas enzimas são utilizadas para desempenhar uma multiplicidade de funções, incluindo a remoção da parede celular ou da fibra bruta para libertar componentes valiosos das células vegetais e para melhorar o valor nutricional dos alimentos para animais. A presença de lenhina no substrato de celulose e a natureza cristalina tornam-no inacessível à celulase. Existem três grupos principais de celulase: endo-B-1,4 glucanases, exo B-1,4glucanase e glicosidase. A composição do complexo de celulase em termos de conteúdo relativo dos componentes individuais varia muito de organismo para organismo (Mandels, 2006, C.pothirajet.al.2002).

1.2.1 Endo B 1,4-glucanase:

É constituída por vários componentes que variam no seu grau de rendibilidade. Os substratos para a endoglucanase são a CMC e outros derivados solúveis da celulose, a celulose e as dextrinas celulósicas. Postula-se que clivam a ligação glicosídica B (1,4) da celulose nativa em unidades mais pequenas. Apresentam atividade enzimática contra a celulose e a metilcelulose.

1.2.2 Exo B-1,4 glucanase :

Consistem especificamente em dois grupos

(a) B-1,4-glucanase glucanohidrolase que remove unidades de glucose da extremidade não redutora da cadeia

(b) B-1,4 glucano celobiohidrolase final que remove as unidades de celobioes da extremidade não redutora da cadeia. A celulose com um baixo grau de polimerização, como a celulose inchada com ácido fosfórico ou com conselhos, é utilizada preferencialmente como substrato (Akhtar.et al.2002).

1.2.3 , 1-4 glicosidase:

Hidrolisam a celulose e os oligossacáridos de cadeia curta em glucose. Os substratos da B-D-glicosidase são a celobiose, os dímeros de glucose ligados a B e as celodextrinas e a aril B-glicosidase, como a salicina e o P-nitro fenil-B-glicosídeo. Não tem qualquer ação sobre a celulose intacta. A celobiose é o substrato de eleição. Os sistemas de celulase que não possuem B-glicosidase ou que possuem um nível baixo da enzima têm uma capacidade de sacarificação fraca e são propensos à inibição do produto final. A forma purificada desta enzima apresenta um elevado grau de variação. O seu peso molecular varia normalmente entre 12000-80000D, sendo a B-glicosidase geralmente a molécula maior. A enzima pode ou não estar associada a uma porção de hidratos de carbono e é normalmente rica em grupos de aminoácidos ácidos (kanda, et al.2006).

1.3 Tipo e ação :

Cinco tipos gerais de celulases com base no tipo de reação catalisada: (Gincy.et.al. 2008).

- A endocelulase quebra as ligações internas para romper a estrutura cristalina da celulose e expor as cadeias individuais de polissacarídeos da celulose.
- A exocelulase cliva duas a quatro unidades das extremidades das cadeias expostas produzidas pela endocelulase, resultando nos tetrassacáridos ou dissacáridos, como a celobiose. Existem dois tipos principais

de exocelulases [ou celobiohidrolases (CBH)] - um tipo actua processivamente a partir da extremidade redutora e um tipo actua possessivamente a partir da extremidade não redutora da celulose.

- A celobiase ou beta-glicosidase hidrolisa o produto da exocelulase em monossacáridos individuais.
- As celulases oxidativas despolimerizam a celulose por reacções radicalares, como por exemplo a celobiose desidrogenase (aceitador).
- As fosforilases da celulose despolimerizam a celulose utilizando fosfatos em vez de água.
- No caso mais conhecido da atividade da celulase, o complexo enzimático decompõe a celulose em beta-glucose. Este tipo de celulase é produzido principalmente por bactérias simbióticas nas câmaras de ruminação dos herbívoros. Para além dos ruminantes, a maioria dos animais (incluindo os seres humanos) não produz celulase nos seus corpos e só pode decompor parcialmente a celulose através da fermentação, limitando a sua capacidade de utilizar a energia do material vegetal fibroso. As enzimas que hidrolisam as hemiceluloses são geralmente designadas por hemicelulase e são normalmente classificadas como celulase em geral. As enzimas que clivam a lenhina são ocasionalmente classificadas como celulase, mas esta classificação é geralmente considerada incorrecta.
- Dentro dos tipos acima referidos, existem também tipos progressivos (também conhecidos como processivos) e não progressivos. A celulase progressiva continua a interagir com um único filamento de polissacarídeo; a celulase não progressiva interage uma vez e depois desliga-se e envolve outro filamento de polissacarídeo.
- A maioria das celulases fúngicas tem uma estrutura de dois domínios, com um domínio catalítico e um domínio de ligação à celulose que estão ligados por um ligante flexível. Esta estrutura é adaptada para trabalhar com um substrato insolúvel e permite que a enzima se difunda bidimensionalmente numa superfície de forma lagarta. No entanto, existem também celulases (maioritariamente endoglucanases) que não possuem domínios de ligação à celulose. Estas enzimas podem ter uma função de inchaço.

1.3.1 Modo de ação:

- O modo de degradação da celulose nativa ainda não foi totalmente estabelecido. O modo de hidrólise de celulases altamente purificadas, celulases do tipo exo e endo de fungos (*Irpex lacteus, Trichoderma reesei* e *Aspergillus niger*) foi investigado utilizando materiais celulósicos puros com diferentes cristalinidades do tipo celulose I, além de celuloses bacterianas de dois tipos diferentes (celulose I e II) e celulose de valónia. Ao mesmo tempo, investigámos também a ação de hidrólise das celulases do tipo exo e endo utilizando substratos solúveis em água como o celooligossacárido e o glucano de cevada. A partir destes resultados, verificou-se que o modo de ação caraterístico de cada celulase pode ser claramente compreendido utilizando apenas substratos celulósicos cristalinos puros. Além disso, descreveremos neste trabalho as acções sinérgicas dos componentes da celulase, para além das enzimas relacionadas, na degradação da celulose (Miller, 2006).

1.4 Microrganismo celulolítico:

Apesar da sua composição química simples, a celulose existe numa série de topologias cristalinas e amorfas. A sua insolubilidade e heterogeneidade tornam a celulose nativa um substrato recalcitrante para a hidrólise enzimática. Os microrganismos provocam a maior parte da degradação da celulose que ocorre na natureza. Respondem a este desafio com a ajuda de um sistema multienzimático. Incluem fungos e bactérias, aeróbios e anaeróbios, mesófilos e termófilos e ocupam uma variedade de habitats. As bactérias aeróbias produzem numerosas moléculas individuais, extracelulares, que se ligam a diferentes conformações de celulose. Os complexos de celulase localizados na superfície celular medeiam a adesão das bactérias celulolíticas anaeróbias ao substrato (McCleary e Glennie-Holmes, 2003). Embora um grande número de microrganismos seja capaz de degradar a celulose, apenas alguns deles produzem quantidades significativas de enzimas livres de células capazes de hidrolisar completamente a celulose cristalina in vitro. Os fungos são os principais microrganismos produtores de celulase, pelo que as enzimas são maioritariamente segregadas e não ligadas às células. Pensa-se que os fungos dos géneros *Trichoderma* e *Aspergillus* são produtores de celulase, e a enzima bruta produzida por estes microrganismos está disponível comercialmente. Os microrganismos do género *Trichoderma* produzem quantidades relativamente grandes de endo-B-glucanase e exo-B-glucanase, mas apenas um nível baixo de B-glucosidase, enquanto os do género *Aspergillus* produzem quantidades relativamente grandes de endo-B-glucanase e B-glucosidase com um nível baixo de produção de exo-B-glucosidase (ramya muthukrishnan 2007). Para além da classificação enzimológica diferente que foi desenvolvida para a celulase, foram observadas diferenças entre o volume de celulose produzido. Entre as várias classes microbianas de celulase que foram caracterizadas até à data, foram observadas diferenças significativas entre, por exemplo, a celulase fúngica e a celulase bacteriana. Com efeito, verificou-se que o domínio de ligação da celulose entre várias celulases fúngicas é altamente conservado. Além disso, enquanto muitas celulases fúngicas são limitadas na sua capacidade de atuar eficazmente a pH elevado, exibindo, em vez disso, os seus padrões de comportamento agressivo caraterísticos apenas na gama ácida ou neutra, descobriu-se que as celulases bacterianas actuam eficazmente numa gama muito mais ampla de pH e parecem particularmente adequadas para utilização em ambientes de pH elevado, como o detergente para a roupa.

1.4.1 Diferentes organismos produzem a enzima celulase :

Trichoderma reesei e *Aspergillus niger*, *Aspergillus fisheri*, *Aspergillus flavus* produzem a enzima celulase. Muitos outros microrganismos produzem a enzima celulase.

Bactrria	**Fungos**
Clostridium thermocellum	***Acremonium cellulolyticus***
Ruminococcus albus	***Aspergillus acculeatus***
Streptomyces sp.	***Aspergillus fumigatus***
	Aspergillus niger
	Fusarium solani
	Irpex lacteus
	Penicillium funmiculosum
	Fanerochaete
	crisósporos
	Schizophyllum commune
	Sclerotium rolfsii
	Sporotrichum cellulophilum
	Talaromyces emersonii
	Thielavia terrestris
	Trichoderma koningii

Tabela 1: Lista de microrganismos que produzem a enzima celulase.

1.5 Organismo diferente em parâmetro diferente e substrato diferente:

Foram utilizadas várias concentrações de substrato de pó de serra, 2,4, 4,8, 7,2, 9,6 e 12% em condições de peso húmido e foram encontradas actividades de celulase de 0,0518, 0,0296, 0,0814, 0,1813 e 0,0444 UI/mL, respetivamente. Assim, 9,6% de substrato deu uma atividade máxima de celulase (0,1813 U/ml) Ojumu et al. (2003). A otimização foi efectuada incubando o frasco de fermentação a 23, 28 e 37°C e as actividades de celulase foram de 0,03207, 0,0925 e 0,02173 UI/ml, respetivamente, tendo sido observada uma degradação máxima do pó de serra a 28°C. A redução da conversão de açúcar, bem como da produção de enzimas, foi observada a uma temperatura superior e inferior a 28°C. Narasimha et al. (2006) utilizaram pó de serra para a produção de celulase por *A.niger* com uma atividade de celulase de 0,775 UI/ml obtida a 28°C. O cientista narshimha et.al 2006 utiliza fontes de azoto e produz celulase. Neste estudo, a ureia, o extrato de levedura e o nitrato de potássio foram utilizados para otimizar as fontes de azoto para a produção máxima de enzimas por *A.niger*. Após 96 h, foram obtidas actividades de celulase de 0,1196, 0,15281 e 0,1528 UI/mL utilizando ureia, ureia, extrato de levedura e nitrato de potássio, respetivamente. A influência das condições culturais no perfil enzimático é estudada para a produção de celulase a partir de T.reesei (Cochet, 2001). A temperatura, o pH, a concentração do inóculo e o oxigénio dissolvido (D.O.) são os parâmetros que foram considerados para o crescimento e a formação do produto. As actividades máximas de celulase foram obtidas no oitavo dia na fermentação de *A. niger* e de *A. terreus*, e no décimo dia na fermentação de resíduos de mandioca por *A. niger*. Ray et al. (1993) registaram uma produção máxima de celulases no 15.º dia de fermentação em farelo de trigo por *A. niger*. As três fontes de carbono fibras de madeira, resíduos de papel e resíduos de algodão foram optimizadas por (Haq et al., 2005) a partir de *A. terreus* , *A. niger* e *T. Virid.* Entre eles, o resíduo de algodão provou ser o melhor para a produção de celulose e foi de 3,40 unidades por mL e foi mais forte do que os outros resíduos. Rodriguez et al., (2005) utilizaram pH de 5,5 para a produção de enzimas celulolíticas de Colletotrichum lindemuthianum. Do mesmo modo, verificou-se anteriormente que a indução máxima de endoglucanase foi alcançada a pH 5,5 (Ikram-ul-Haq et al., 2001). A produção máxima de β-glicosidase por *Aspergillus terreus* foi alcançada com o pH na gama de 4,0-5,5 (Pushalkar et al., 1995).

1.6 Utilizações :

A celulase é utilizada para o processamento comercial de alimentos no café. Efectua a hidrólise da celulose durante a secagem dos grãos. Além disso, as celulases são amplamente utilizadas na indústria têxtil e em detergentes para a roupa. Também têm sido utilizadas na indústria da pasta de papel e do papel para vários fins, e são mesmo utilizadas para aplicações farmacêuticas. A celulase é utilizada na fermentação da biomassa em biocombustíveis, embora este processo seja relativamente experimental atualmente. A celulase é utilizada como tratamento para fitobezoares, uma forma de celulose encontrada no estômago humano (sharyo.et al. 2002).

1.7 Aplicações :

As tendências actuais em matéria de SSF têm-se concentrado na aplicação de SSF para os bioprocessos desenvolvidos, tais como a bioremediação de compostos perigosos, a desintoxicação biológica de resíduos agroindustriais, a biotransformação de culturas e resíduos de culturas para enriquecimento nutricional, a biopolpação e a produção de produtos de valor acrescentado (Ashok Pandey 2008).

1.7.1 Aplicação da celulase:

A celulase representa 20% do mercado mundial de enzimas e é produzida principalmente por Trichoderma ressie e *Aspergilllus niger*. A celulase foi inicialmente investigada há várias décadas para a bioconversão da biomassa, o que deu lugar à investigação sobre a aplicação industrial da enzima na alimentação animal, nos géneros alimentícios, nos têxteis e detergentes e na indústria da pasta de papel.

1.7.2 Biocombustível:

A diminuição da oferta mundial de problemas e o efeito dos gases com efeito de estufa resultaram num interesse crescente por combustíveis alternativos. A aplicação mais importante que está a ser investigada atualmente é a utilização de resíduos lignocelulósicos para a produção de biocombustível. Uma aplicação potencial da celulase é a conversão de material celulósico em glucose e açúcar fermentável que, por sua vez, pode ser utilizado como substrato para a produção de uma variedade de produtos de fermentação como o etanol.

1.7.3 Indústria têxtil:

A celulase é utilizada na biolixiviação de peças de vestuário de ganga para obter a suavidade e o aspeto desbotado das peças de ganga, substituindo a utilização de pedras-pomes que eram tradicionalmente utilizadas na indústria (Belghithet.al 2001, Bhat,2000). A celulase é utilizada para digerir as extremidades das fibras que sobressaem do tecido, resultando num melhor acabamento (Cortez et al,2001, Galanteet al 1998). A celulase também é usada na desfibrilação de amaciamento e nos processos para proporcionar variação localizada na densidade de cor das fibras (Galante et al, 2003).

1.7.4 Lavagem de roupa e detergente:

A celulase é normalmente utilizada no detergente para a limpeza de têxteis. As preparações de celulase, principalmente de espécies de humicola que são activas em condições alcalinas suaves e a temperaturas elevadas, são normalmente adicionadas ao detergente e ao pó de lavagem (Mitchinson et al, 2001).

1.7.5 Alimentação humana e animal:

Na indústria alimentar, a celulase é utilizada na extração e clarificação de sumos de fruta e vegetais, na produção de néctares de fruta e na extração de azeite. A celulase é utilizada na extração de carotenóides para a produção de corantes alimentares.

1.7.6 Indústria da pasta de papel e do papel:

Na indústria da pasta de papel e do papel, a celulase e a hemicelulase têm sido empregues na polpação bioquímica para modificar as propriedades da pasta mecânica grosseira e da folha de papel manual (Bedford et al, 2003), para descolorar a fibra reciclada e para melhorar a drenagem da fábrica de papel. A celulase é utilizada na remoção de tintas, revestimentos e toners do papel. A celulase é também utilizada na preparação de cartão biodegradável e para remover papel aderente (Sharyo et al, 2002). Para além destas aplicações, as celulases são também utilizadas em formulações para a remoção de lama industrial, na investigação para a geração de protoplastos e para a geração de oligossacáridos de quitina antibacterianos, que podem ser utilizados na preservação de alimentos (Liu & Zhu, 2000), na imuno-modulação e como um potente agente antitumoral (Wu e Tsai, 2000).

1.8 Importância da utilização de microrganismos:

Os fungos são importantes para o ser humano, tanto de forma benéfica como prejudicial. Juntamente com as bactérias e alguns outros grupos de organismos quimioorganotróficos, os fungos actuam como decompositores, desempenhando um papel de enorme importância. Degradam materiais orgânicos complexos presentes no ambiente em compostos orgânicos simples e materiais inorgânicos. Os fungos são essenciais para muitos processos industriais que envolvem fermentação (Geiser, D. (2009). Os fungos estão a desempenhar um papel importante na produção comercial de muitos ácidos orgânicos e de certos medicamentos. Finalmente, os fungos são importantes instrumentos de investigação no estudo de processos biológicos fundamentais (Bencina M.et al.(2009). Citologistas, geneticistas, bioquímicos e microbiologistas utilizam regularmente os fungos nas suas investigações. Os fungos também produzem uma enzima extracelular Asana A (2004).

Capítulo 2

Revisão da literatura

O organismo produziu a enzima celulase de forma óptima a 30°C. O crescimento do organismo a 50°C deu a menor produção de celulase (Coral et al., 2002). A maior quantidade de produção de enzima registou-se no 9º dia de incubação. A produção da enzima celulase foi melhor a pH 5,0 e a uma concentração de carboximetilcelulase de 1%. Síntese enzimática os resíduos lignocelulósicos pó de serra, algodão, palha de arroz e bagaço de cana-de-açúcar foram bons indutores. A celulase é uma enzima sinérgica que é utilizada para decompor a celulose em glucose ou outros compostos oligossacáridos (Chellapandi e Jani, 2008). As enzimas de celulase: endo-(1,4)-B-D-glucanase (endoglucanase, endocelulase, CMCase [EC 3.2.1.4]), que cliva as ligações - ao acaso, geralmente nas partes amorfas da celulose, a exo-(1,4)-B-D-glucanase (celobiohidrolase, exocelulase, celulase microcristalina, avicelase [EC3.2.1.91]), que liberta celobiose da extremidade não redutora ou redutora, geralmente das partes cristalinas da celulose, e B-glucosidase (celobiase [EC 3.2.1.21]), que liberta glucose da celobiose e dos oligossacáridos de cadeia curta da celulose (Bhat e Bhat, 2007). As celulases têm uma vasta gama de aplicações. As aplicações potenciais são em alimentos, rações para animais, têxteis, combustíveis, indústrias químicas, indústria de papel e pasta de papel, gestão de resíduos, indústria médica/farmacêutica, produção de protoplastos, engenharia genética e tratamento da poluição (Tarek e Nagwa, 2007; Begin e Anbert, 1993; Coughlan, 1985; Mandels, 2009). Este trabalho centra-se nos factores relevantes para o melhoramento da hidrólise enzimática do material lenho-celulósico do pó de serra. Para compreender a bioquímica dos fungos degradadores de lignocelulose, é necessário otimizar várias condições. A celulose tem um enorme potencial como fonte renovável de energia (Coral et al., 2002). Uma grande variedade de fungos e bactérias pode fragmentar estas macromoléculas através de enzimas hidrolíticas ou oxidativas e utilizá-las como fonte de carbono. A celulose é um polímero de glucose não ramificado composto por unidades de glucose B-1,4 ligadas por uma ligação B-1,4-D-glicosídica (Gielkens et al., 1999; Han et al.,1995).

2.1 Ensaio enzimático:

Foi utilizado um método de açúcar redutor modificado de Khan (2005), tal como descrito por Chinedu et al. (2008), para testar a atividade da celulase (EC 3.2.1.4). A carboximetilcelulose (CMC) foi utilizada como substrato enzimático. O açúcar redutor libertado foi medido utilizando ácido 3, 5 dinitrosalicílico e lido a 540 nm utilizando um espetrofotómetro (miller, 2003). Uma unidade de atividade foi definida como a quantidade de enzima necessária para libertar 1µmol de glucose por minuto nas condições do ensaio (chinedu et al. (2008).

2.2 Efeito do pH:

A. niger apresentou uma produção máxima de celulase a pH 5,0, embora tenham sido registados níveis significativos de celulase a outros pH. Um aumento do pH inicial do meio de crescimento até 5,0 aumentou a produção de celulase. A produção de celulase diminuiu com novos aumentos do pH. A síntese de celulase a pH 3,0, 5,0, 7,0 e 8,0 concordou com a observação de (Steiner et al.1994) de que valores de pH baixos ou elevados inactivam a enzima e podem afetar a sua produção. Foi relatado que o pH ótimo para o crescimento de fungos varia de um organismo para outro. O pH ótimo para a atividade da celulase situou-se entre 4,0 e 4,5. A atividade máxima da celulase foi de 0,0925 UI/ml a pH 4,0. Observou-se que a atividade da celulase tem um amplo intervalo de pH entre 3,0 e 9,0. Foram obtidos dois picos de atividade principais a 4,5 pH e 7,5

(Coral et al., 2002). Foi relatado que o pH ótimo para uma celulase de A. niger se situava entre 6,0 e 7,0 (Akiba et al.,1995) e noutro relatório verificou-se que a atividade óptima da celulase de A. niger se situava entre 4,0 e 4,5 (McCleary e Glennie-Holmes, 1985).

2.3 Efeito da fonte de azoto:

A síntese de celulase por *A. niger* foi mais elevada quando os resíduos lignocelulósicos foram utilizados como fontes de carbono em comparação com a utilização de açúcares. A produção máxima de celulase foi obtida utilizando sacarose como fonte de carbono. Ali e Sayed (2005) registaram uma indução muito fraca de celulase por *A. fisheri* cultivada em glicerol. A produção de baixos níveis de celulase na presença de carbonato de sódio ou outras fontes de carbono relacionadas com o mecanismo glicolítico pode dever-se à repressão de catabólitos (Moussa e Thawat, 2007). A utilização de pó de serra e de bagaço de cana-de-açúcar para a produção de celulase foi previamente comunicada (Ikram-ul-Haq e Khan, 2006; Kang et al., 2004). Os indutores enzimáticos solúveis são geralmente mais fracos no seu poder indutivo quando comparados com substratos insolúveis (Margaritis e Merchant, 1986). O efeito de diferentes compostos de azoto na produção de celulase por *A. niger* foi investigado no meio com fontes de azoto a uma concentração de 0,1%. Verificou-se que o NH4NO3 era uma fonte pobre de azoto para a indução de celulase por *A. niger*. Este relatório é idêntico ao de Lieckfeldt et al. (2007), que referiu que o nitrato não é adequado para o cultivo de *Trichoderma reesei*. (NH4)2SO4 e NH4H2PO4 foram boas fontes de azoto para a síntese de celulase por *A. niger*. Os compostos de amónio são considerados os compostos de azoto mais favoráveis para a síntese de proteínas e enzimas (Rajkot, 2004).

2.4 Finalidades e objectivos:

1. Otimização dos parâmetros culturais.
2. Estudo comparativo da produção de celulase por *Aspergillus niger, Aspergillus flavus, Aspergillus fisheri* e *Trichoderma ressie*.
3. Cinética enzimática utilizando os filtrados brutos de cultura de *Aspergillus flavus*.

Capítulo 3

Materiais e métodos

3.1 Micro-organismo:

Diferentes culturas fúngicas produtoras de celulases foram isoladas por seleção primária a partir de um resíduo de mandioca naturalmente contaminado, através da diluição em série e da técnica de pour plate. As culturas puras foram identificadas pela sua morfologia e caraterísticas das colónias. Os organismos foram mantidos em placas de PDA e armazenados a 4° C. As placas foram preparadas uma vez por mês e identificadas pelas suas caraterísticas morfológicas e coloniais.

Composição do ágar dextrose de batata:-

Batata	**200g**
Dextrose	**20g**
Ágar	**20g**
Água destilada	**1000ml**
PH	**5.6**

Ferver 200 g de batata lavada, descascada e moída durante 1 hora em água destilada. Filtrar através de um pano de musselina e perfazer o volume final até 1000 ml com água destilada. Ajustar o pH para 5,6. Adicionar dextrose e ágar, dissolver por aquecimento e esterilizar por autoclave.

3.2 Substrato:

A palha de arroz foi utilizada como substrato para a produção de enzimas e foi recolhida numa exploração agrícola local. Foi lavada com água corrente da torneira até a partícula de pó ser removida e depois seca ao sol antes de ser utilizada. Outros substratos, como o algodão, o bagaço de cana-de-açúcar e o pó de serra, também são utilizados para a produção de celulase (Cochet, 1991).

3.3 Manutenção da cultura:

As estirpes de fungos foram obtidas do solo e mantidas em meio de ágar dextrose de batata a 4,0%. As culturas foram mantidas por transferência regular para novos slants e foram armazenadas a 4°C (Mohsin Javed et. al 2003).

3.4 Preparação dos inóculos:

Para a experiência, foi inoculado um slant fresco, que foi utilizado após 10 dias. O inóculo foi preparado raspando o conteúdo da lâmina com 10 dias de idade com 0,1% de Trion-x-100 e, em seguida, agitando-o em vórtex para preparar uma suspensão uniforme. Esta suspensão de esporos foi então adequadamente diluída e utilizada em experiências futuras (Tarek e Nagwa, 2007).

3.5 Composição média:

Para a fermentação, foi utilizada a composição do meio descrito por Baig. O meio continha (por litro de água destilada) (Baig et al., 2004).

NaNo3	0.2g
MgSO4	0.05g
K2Hpo4	0.005g
Fes04	0.001g
cacl2	0.002g
Mns04	0.0002g
pH	7.0

Todos os componentes do meio foram adicionados a 100 ml de água destilada e, em seguida, o meio foi colocado em autoclave a 15 psi durante 121^0 C.

3.6 Estado de cultura:

100 ml do meio líquido foram colocados num frasco Erlenmeyer de 250 ml e esterilizados por autoclavagem a 121°C durante 15 minutos. O frasco foi arrefecido e inoculado com 10 discos de 8 mm de diâmetro do organismo a partir de placas de cultura PDA, utilizando uma broca esterilizada. As culturas foram colhidas em intervalos de 24 horas por centrifugação a 5000 rpm durante 10 minutos a 4°C utilizando uma ultracentrifugadora refrigerada (REMI, k-70). Os sobrenadantes foram utilizados como fonte de enzimas extracelulares brutas.

3.7 Determinação da atividade enzimática:

A determinação da atividade enzimática foi efectuada utilizando o método de Mendel. Incubação de 0,9 mL de solução de substrato com extrato de enzima a 45°C durante 1 h, depois adicionou-se 1mL de solução de DNS. A mistura foi então aquecida em banho-maria durante 5 min. depois deixada arrefecer e, em seguida, foram adicionados 10 mL de água destilada. A solução equivalente foi preparada adicionando 1 ml de DNS a 0,9 ml de substrato e, em seguida, adicionando 0,1 ml de solução enzimática. A determinação dos sacarídeos redutores foi efectuada utilizando o método de Mandels e calculando depois a atividade enzimática (Mandels et al., 1976).

Preparação de reagentes

- Tampão acetato 0,05M (pH 5).
- Solução de substrato.

Solução DNSA:

1) Ácido 3,5 dinitrosalicílico: 0,74g
2) NaOH: 1,38g
3) Tarterato de sódio e potássio: 21,69g
4) Fenol líquido: 0,5 ml
5) Metabissulfato de sódio: 0,559g
6) Água destilada: 100ml

3.8 Papel de filtro Ensaio:

50 mg de papel de filtro Whattman n.º 1 e 1 ml de tampão de acetato (0,05M, pH-4,8) foram misturados com 1 ml de enzima diluída. Os indivíduos em branco foram preparados sem enzima e todos os tubos foram incubados durante 1 hora a 500 °C. A reação foi interrompida pela adição de 1 ml de DNS e foi adicionado 1 ml de enzima ao tubo em branco. Os tubos foram incubados em BWB durante 10 min. Arrefeceu-se e o volume final foi de 10 ml com D/W (Miller, 1959).

3.9 Estimativa de proteínas:

Os protídeos foram estimados pelo método de Folin Lowry utilizando albumina de soro bovino como padrão.

3.10 Otimização dos componentes do meio para a produção de celulase por fermentação submersa:

3.10.1 Otimização do substrato:

Foram utilizados diferentes substratos para otimizar a produção de enzimas. Foram selecionados quatro substratos diferentes: palha de arroz, algodão, pó de serra e bagaço de cana-de-açúcar. Foram colocados 5 g de cada substrato em frascos diferentes e foram adicionados 100 ml de meio. Após autoclavagem durante 15 minutos a 121°C, arrefeceu-se e adicionaram-se 107 esporos/ml a cada frasco. Os frascos foram então incubados a 30°C em agitador de rotery e a atividade enzimática foi verificada a cada 24 horas de intervalos de tempo (Solomon et al.1999).

3.10.2 Otimização do pH:

O meio de Berg com diferentes pH, variando de 3,0, 5,0, 7,0 e 8,0, foi utilizado para o estudo. O pH do meio foi ajustado com NAOH 0,1N ou HCL 0,1N. Outros parâmetros de cultura foram utilizados conforme optimizados anteriormente. Após incubação apropriada, a enzima foi extraída e analisada (McCrery e Genie-Holmes, 1985).

3.10.3 Otimização da fonte de azoto:

Foram utilizadas diferentes fontes de azoto, tais como ureia, extrato de levedura, nitrato de potássio e nitratos de cálcio para a otimização da fonte de azoto. Um controlo positivo contendo a lâmina basal normal do meio de Bergs com peptona de protease e um controlo negativo sem fonte de azoto foram testados sob as condições experimentais. No presente estudo, para detetar a fonte de azoto adequada para a produção de celulase por fungos. Foi estudada a influência da ureia, do extrato de levedura, do nitrato de potássio e do nitrato de cálcio (Ojumu et al. (2003).

3.10.4 Otimização da fonte de carbono:

Cultura fúngica cultivada no meio de Berg com várias fontes de carbono, tais como sacarose, acetato de potássio, carbonato de sódio, citrato de sódio desidratado a 120h para 28OC com agitação a 150 rpm para uma produção óptima de celulase. (Khan et al., 2007).

3.10.5 Otimização da temperatura:

A temperatura de otimização da enzima celulase foi determinada através da realização do ensaio a diferentes temperaturas 30°C, 35°C, 40°C, 45°C, 50°C, 55°C, 60°C. A atividade enzimática foi determinada através da realização de ensaios enzimáticos a diferentes temperaturas. (Narasimha et al. (2006).

3.11 Purificação da enzima:

A enzima celulase foi purificada com sulfato de amónio (40%) através de métodos de precipitação. O precipitado obtido por centrifugação foi dissolvido em tampão fosfato 0,1 M (pH 7) e dialisado durante a noite em tampão fosfato 0,01 M. As experiências foram efectuadas a baixa temperatura (40C) para evitar a desnaturação da enzima. A atividade enzimática foi estimada no conteúdo purificado pelo método de lowery et.al 1951.

Capítulo 4

Resultados e discussão

4.1 Isolamento e identificação de microrganismos:

Entre elas, foram selecionadas e identificadas quatro espécies de fungos com melhor produção, com base na sua estrutura e caraterísticas coloniais e no manual de micologia de nagmani et.al.

Foram identificados como,

1. O *Trichoderma ressie* foi designado por SS-1.
2. O *Aspergillus niger* foi designado por SS-2.
3. O *Aspergillus fisheri* foi designado por SS-3.
4. O *Aspergillus flavus* foi designado por SS-4.

4.2 Seleção para a produção de celulase:

Todos os quatro isolados foram analisados quanto à produção de celulase na placa de CMC e foram observadas zonas de hidrólise (Figura 4.2).

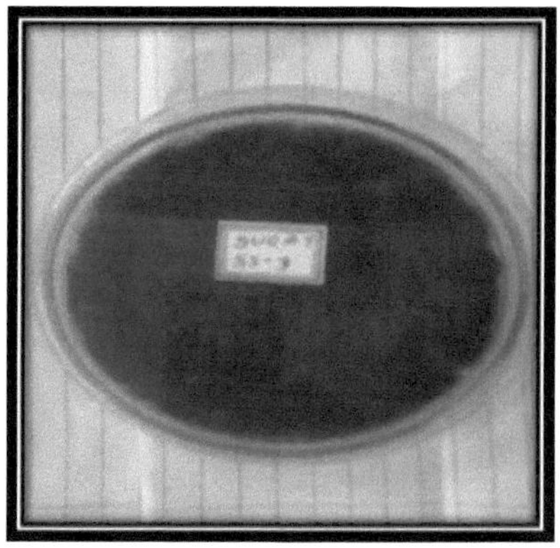

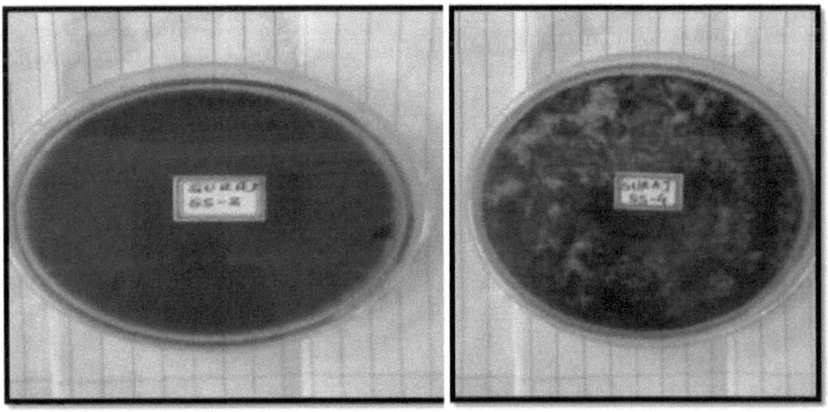

Figura 4.1: Morfologia das culturas isoladas.

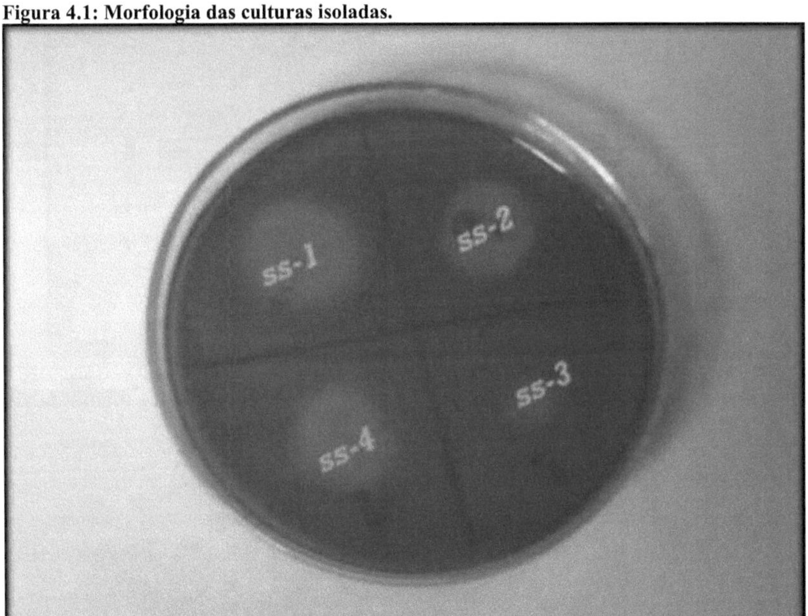

Figura 4.2: Zona de depuração dos isolados na placa de ágar CMC.

4.3 Recolha de substratos:

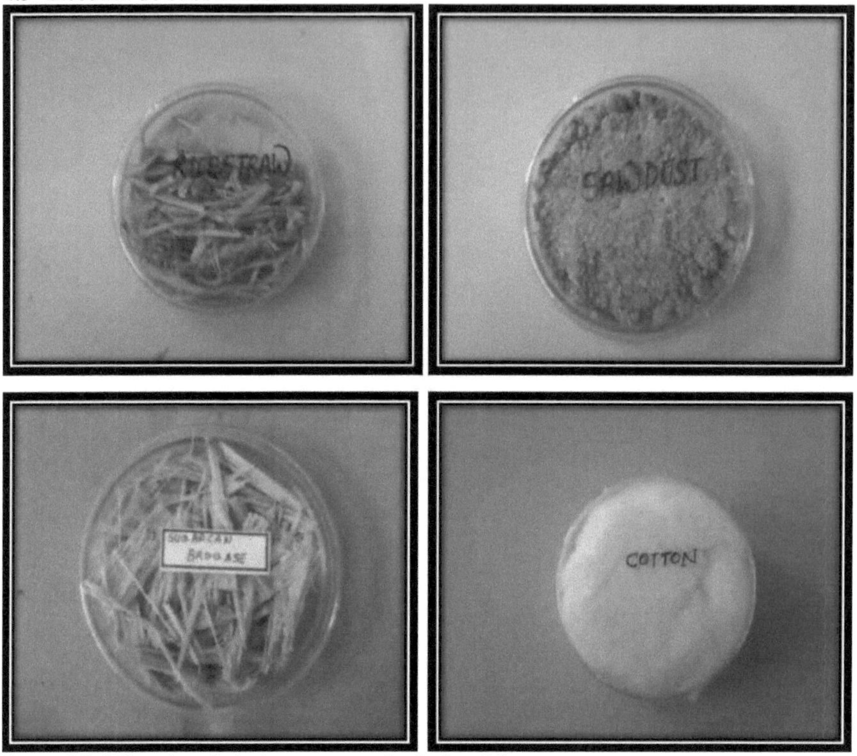

Figura 4.3: Diferentes substratos para a produção de celulase.

4.4 Otimização dos componentes do meio para a produção de celulase por fermentação submersa:

O efeito na produção de celulase foi determinado através da utilização de diferentes substratos, tais como palha de arroz, algodão, bagaço de cana-de-açúcar e serradura para o crescimento de fungos. Após a inoculação, os frascos foram incubados durante diferentes intervalos de tempo a 30^0 C e colhidos para análise enzimática.

4.4.1 Efeito do substrato de palha de arroz na atividade da celulase :

SS-1 deu uma atividade máxima que foi de 0,182U/ml após 96 horas de incubação SS-2, SS-3 e SS4 também deram uma quantidade apreciável de atividade após 96 horas de incubação que foi de 0,216U/ml, 0,469U/ml, 0,382U/ml respetivamente usando palha de arroz como substrato para a produção de células. Os resultados obtidos no caso de se utilizar apenas palha de arroz mostraram que a atividade enzimática *de T. ressie* foi de 0,93U/ml (change 2006).

Todos os isolados apresentam uma atividade enzimática mais baixa, que foi de 0,024U/ml, 0,176U/ml, 0,229U/ml e 0,234U/ml, respetivamente, com palha de arroz como substrato, após 24 horas de incubação para a produção de celulase.

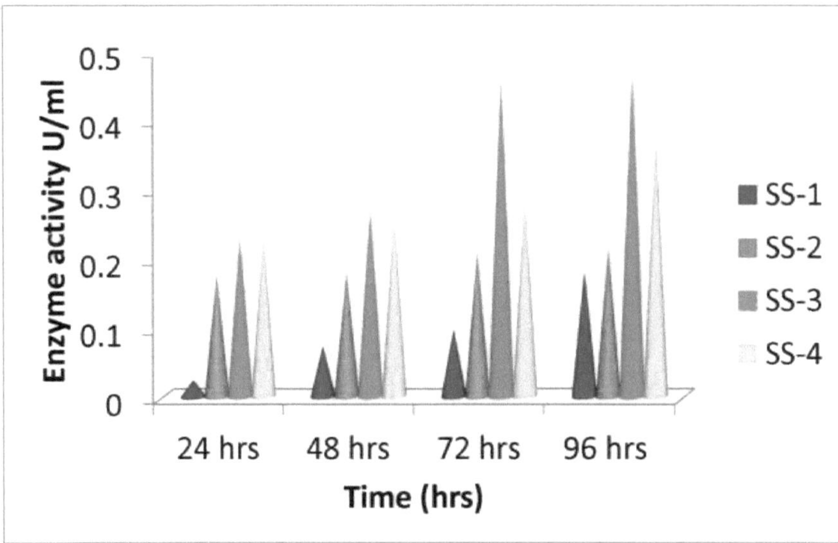

Figure 4.4: Atividade da celulase em diferentes intervalos de tempo utilizando palha de arroz como substrato.

4.4.2 Produção de celulase utilizando o algodão como substrato :

SS-1 dá a maior atividade enzimática que foi 0.129U/ml após 96 horas de incubação com algodão como substrato SS-2, SS-3 e SS-4 também dão uma quantidade apreciável de atividade após 96 horas de incubação i.e 0.126U/ml, 0.137U/ml, e 0.141U/ml respetivamente usando algodão como substrato.

Aspergillus niger e *Trichoderma ressie* são os produtores mais potentes de celulase (Muhammad Mohsin Javed, Tehmina Saleem Khan (2005) obtiveram a atividade enzimática mais elevada, 1,233U/ml, 0,933U/ml respetivamente.

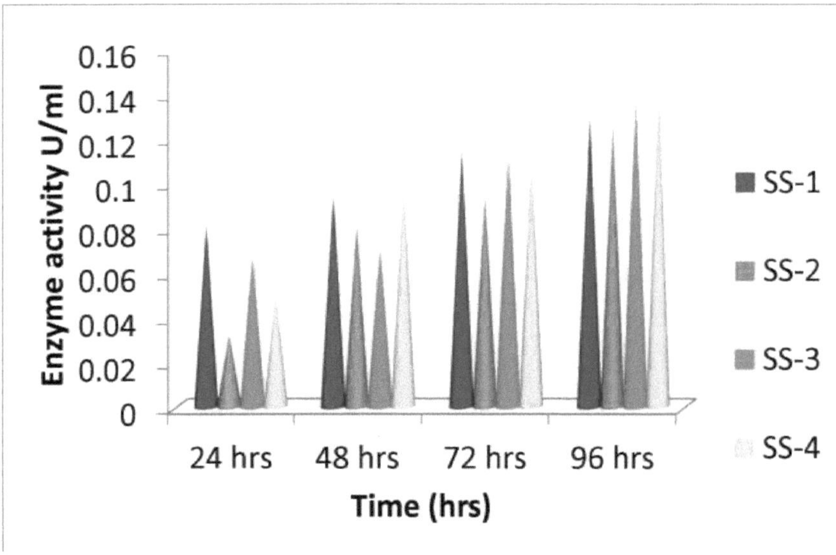

Figure 4.5: Atividade da celulase em diferentes intervalos de tempo utilizando o algodão como substrato.

4.4.3 Produção de celulase utilizando pó de serra como substrato.

SS-1 dá uma atividade enzimática máxima que foi de 0,775U/ml após 96 horas de incubação utilizando pó de serra como substrato. SS-2, SS-3 e SS-4 também dão uma quantidade apreciável de atividade enzimática após 96 horas de incubação, ou seja, 0,415U/ml, 0,426U/ml e 0,426U/ml, respetivamente, utilizando pó de serra como substrato na produção de celulase.

Ojumu (2003) obteve uma atividade enzimática máxima de 9,67U/ml e 11,548U/ml a partir de *Trichoderma ressie* e *Aspergillus niger*, respetivamente, utilizando serradura como substrato. Foram utilizadas várias concentrações de substrato de pó de serra, 2,4, 4,8, 7,2, 9,6 e 12% em condições de peso húmido e foram encontradas actividades de celulase de 0,0518, 0,0296, 0,0814, 0,1813 e 0,0444 UI/ml, respetivamente. Assim, o substrato de 9,6% deu a atividade máxima de celulase (0,1813 U/ml).

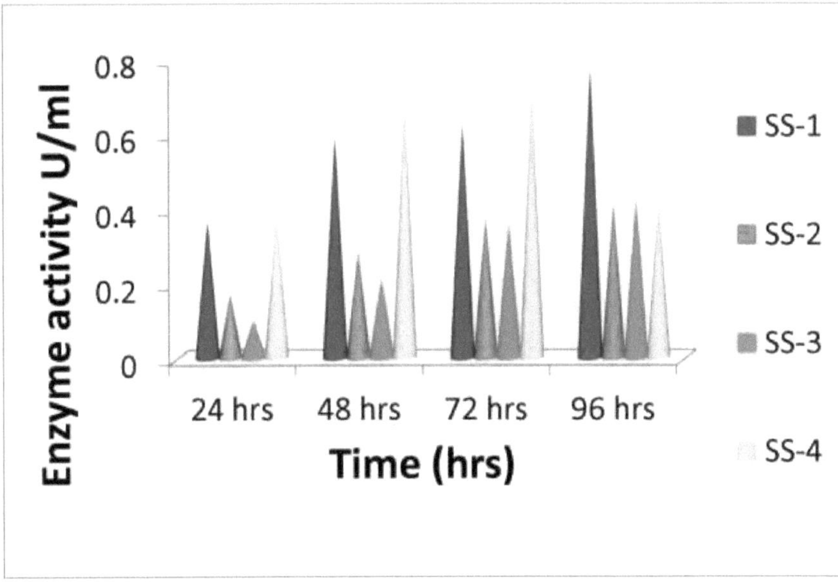

Figure 4.6: Atividade da celulase em diferentes intervalos de tempo utilizando pó de serra como substrato.

4.4.4 Produção de celulase utilizando bagaceira de cana-de-açúcar como substrato :

SS-1 dá uma atividade enzimática máxima que foi de 0,412U/ml após 96 horas de incubação utilizando baggase de cana-de-açúcar como substrato, SS-2, SS-3 e SS-4 também dão uma quantidade apreciável de atividade enzimática após 96 horas de incubação i.e. 0,387U/ml, 0,548U/ml, e 0,587U/ml respetivamente utilizando baggase de cana-de-açúcar como substrato para produção de celulase.

Os meios que contêm uma única fonte de carbono mostraram uma utilização favorável do substrato durante a fermentação utilizando *T.reesei* e *A.niger* (Aguiar, 2001; Muthuvelayudham e Viruthagiri, 2005). Estes cientistas atingiram uma atividade máxima de celulase de 1,023U/ml, 0,997U/ml respetivamente.

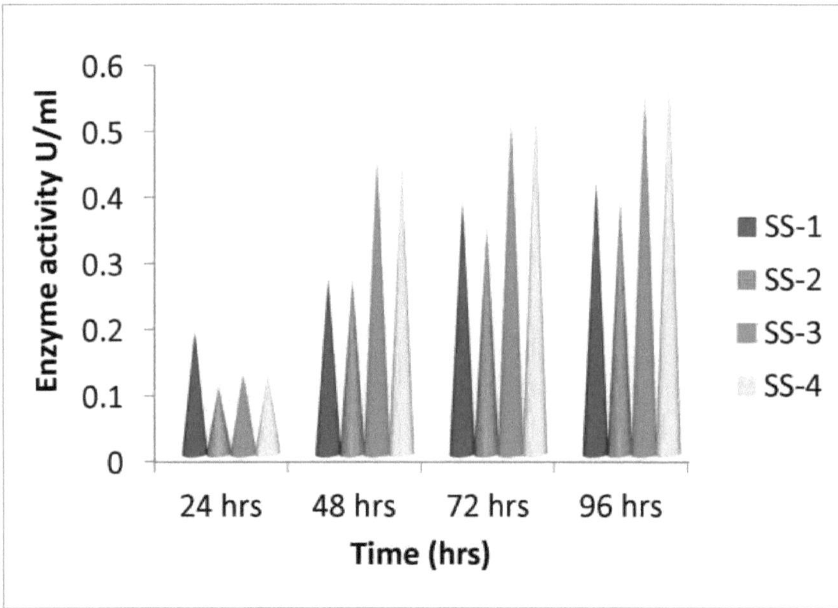

Figure 4.7: Produção de celulase utilizando como substrato a bagaceira de cana-de-açúcar.

4.4.5 Otimização do pH para a atividade da celulase:

A produção de celulase foi feita utilizando pó de serra como substrato e a atividade enzimática foi verificada após 90 horas de incubação.

SS-1 dá a maior atividade enzimática com pó de serra como substrato e que foi de 0,793U/ml a pH 5 para a produção de celulase, SS-2, SS-3, e SS-4 também dá uma quantidade apreciável de atividade enzimática a pH 5 i.e 0,831U/ml, 0,806U/ml, 0,852U/ml respetivamente.

O pH ótimo para a atividade da celulase situou-se entre 5,0 e 8,0. A atividade máxima da celulase foi de 0,0925 UI/ml a pH 4,0. Observou-se que a atividade da celulase tem um amplo intervalo de pH entre 3,0 e 9,0. Foram obtidos dois picos de atividade principais a 5,5 pH e 7,0 (Coral et al., 2002). Foi relatado que o pH ótimo para uma celulase de *A. niger* se situava entre 5,0 e 7,0 (Akiba et al., 2005) e noutro relatório verificou-se que a atividade óptima da celulase *de A. niger* se situava entre 5,0 e 7,5 (McCleary e Glennie-Holmes, 2006).

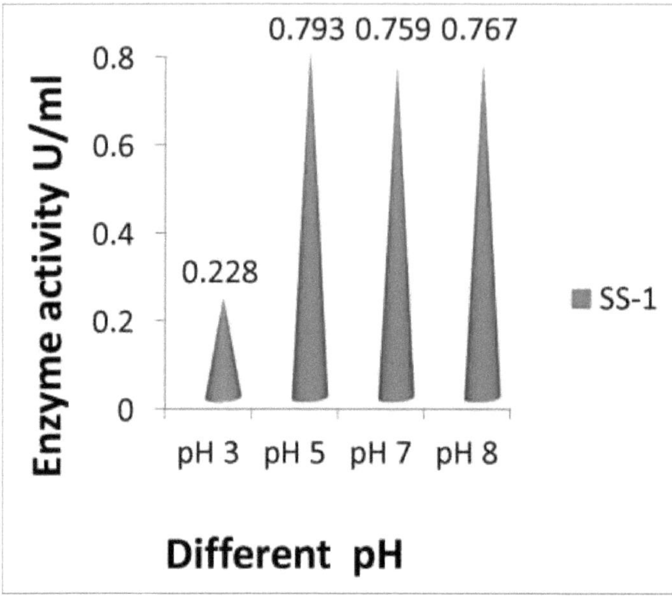

Figure 4.8: **Atividade da celulase por SS-1 utilizando diferentes pH.**

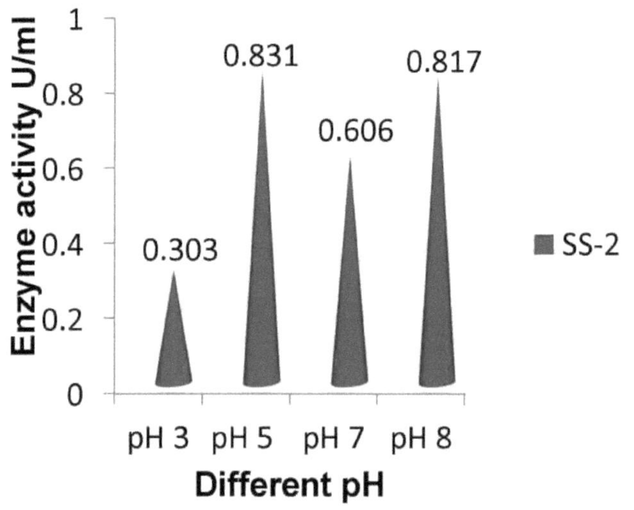

Figure 4.9: **Atividade da celulase por SS-2 utilizando diferentes pH.**

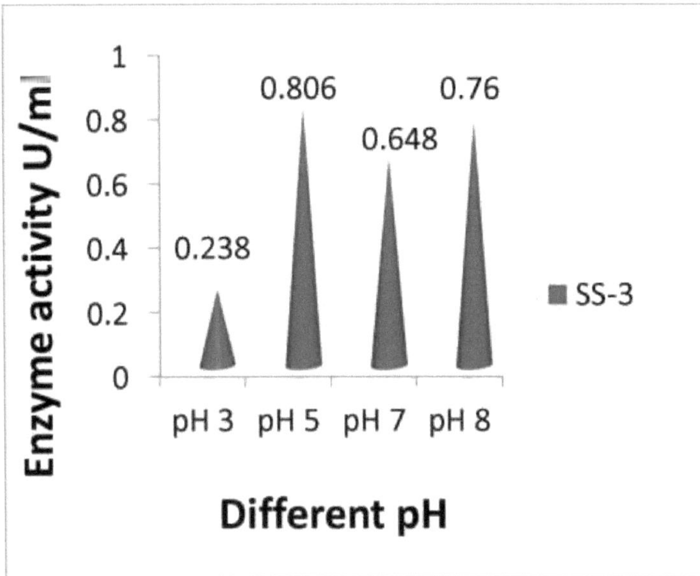

Figure 4.10: **Atividade da celulase por SS-3 utilizando diferentes pH.**

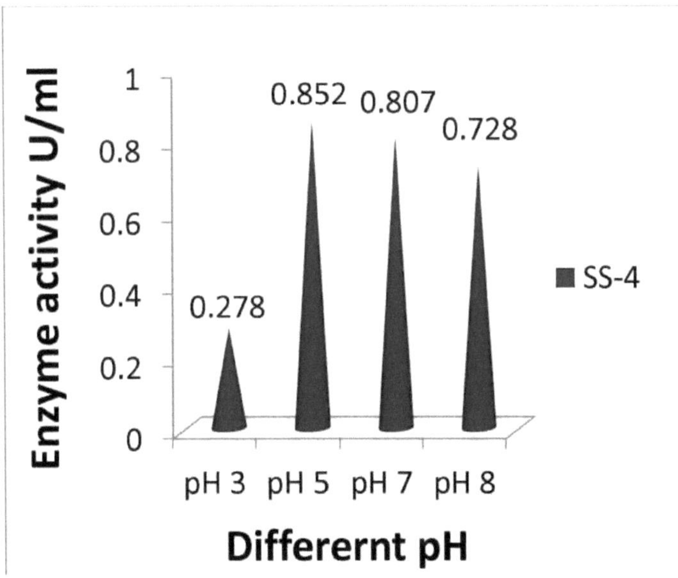

Figure 4.11: **Atividade da celulase por SS-4 utilizando diferentes pH.**

4.4.6 Otimização de diferentes fontes de azoto para a produção de celulase:

A quantidade de diferentes fontes de nitrogénio, nomeadamente: ureia, extrato de levedura, nitrato de potássio e nitrato de cálcio, foi investigada para a produção de celulase pelas SS-1, SS-2, SS-3 e SS-4 utilizando condições de cultura optimizadas. Os nitratos de potássio foram a melhor fonte de azoto para a produção de celulase.

A SS-1 dá uma atividade enzimática máxima de 0,654U/ml com nitrato de potássio como fonte de azoto para a produção de celulase. SS-2, SS-3, e SS-4 também dão uma quantidade apreciável de atividade enzimática, ou seja, 0,659U/ml, 0,669U/ml, e 0,780U/ml respetivamente, utilizando nitrato de potássio como fonte de azoto para a produção de celulase.

De acordo com estudos de Narasimha et al. (2006), a 0,03% de nitrato de cálcio e extrato de levedura utilizado como fonte de azoto, a atividade da celulase obtida foi de 0,421 e 0,401 UI/ml, respetivamente. $(NH_4)_2SO_4$ e $NH_4H_2PO_4$ foram boas fontes de azoto para a síntese de celulase por *A. nigerYL128.*

Figura 4.12: Produção de celulase por SS-1 utilizando diferentes fontes de azoto.

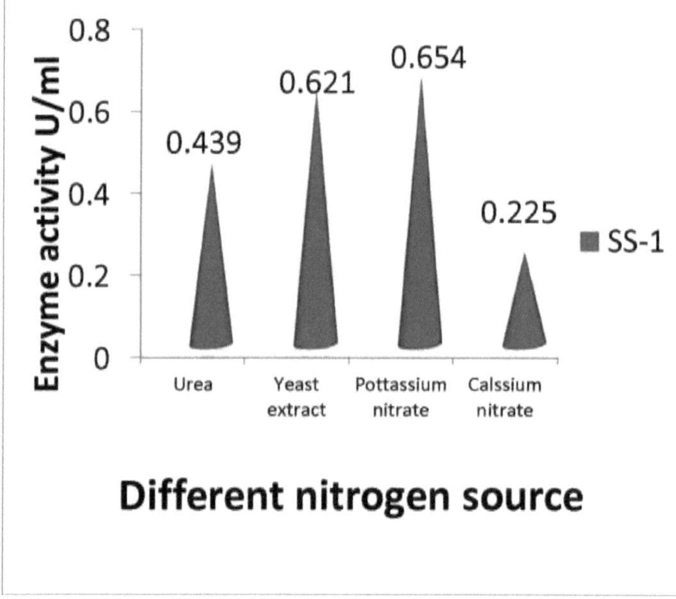

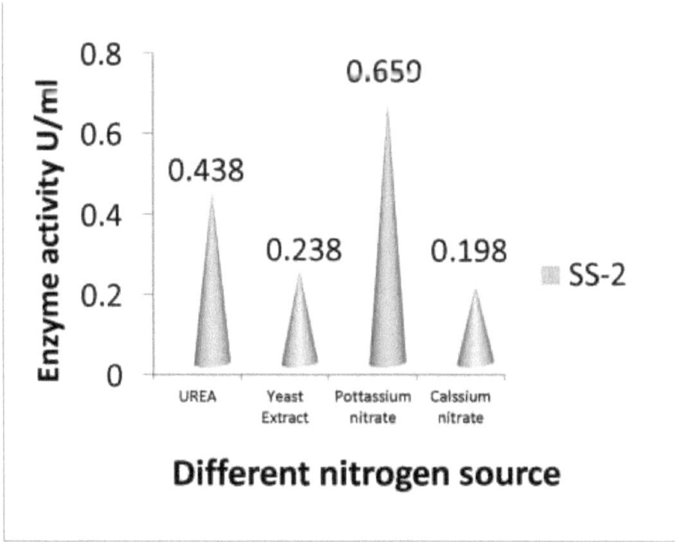

Figura 4.13: Produção de celulase por SS-2 utilizando diferentes fontes de azoto.

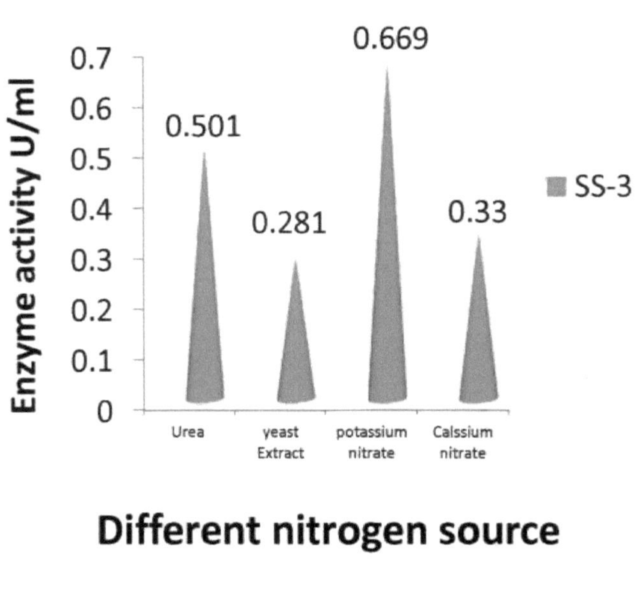

Figure 4.14: Produção de celulase por SS-3 utilizando diferentes fontes de azoto.

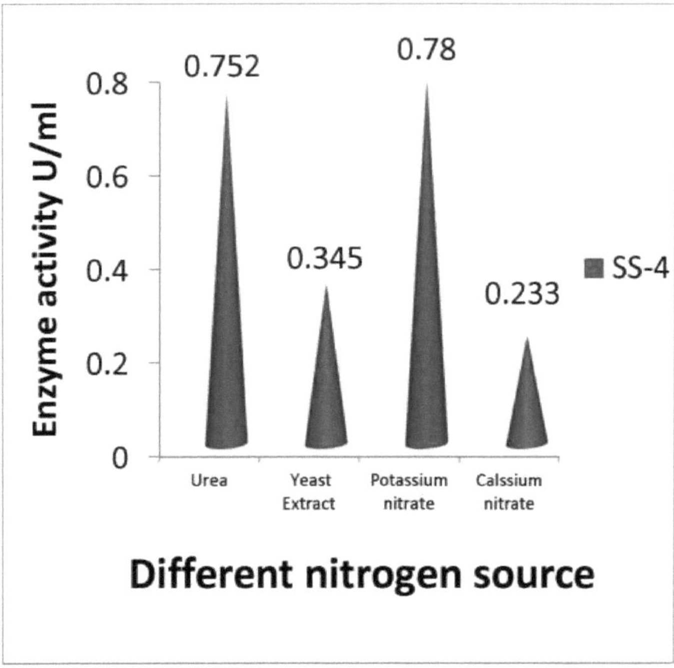

Figura 4.15: Produção de celulase por SS-4 utilizando diferentes fontes de azoto.

4.4.7 Otimização da fonte de carbono para a atividade da celulase:

As quantidades de diferentes fontes de carbono, nomeadamente: acetato de potássio, sacarose, carbonato de sódio e citrato de sódio desidratado, foram investigadas para a produção de celulases pelas SS-1, SS-2, SS-3 e SS-4, utilizando condições de cultura optimizadas.

A SS-1 dá uma atividade enzimática máxima que foi de 0,780U/ml com sacarose como fonte de carbono para a produção de enzima celulase. SS-2, SS-3 e SS-4 também dão uma quantidade apreciável de atividade enzimática 0,826U/ml, 0,641U/ml e 0,836U/ml, respetivamente, utilizando sacarose como fonte de carbono para a produção de enzima celulase.

A produção de baixos níveis de celulase que foi alcançada 0,886U/ml e o,768U/ml na presença de sacarose ou outras fontes de carbono relacionadas com o mecanismo glicolítico pode dever-se à repressão de catabólitos (Moussa e Thawat, 2007).

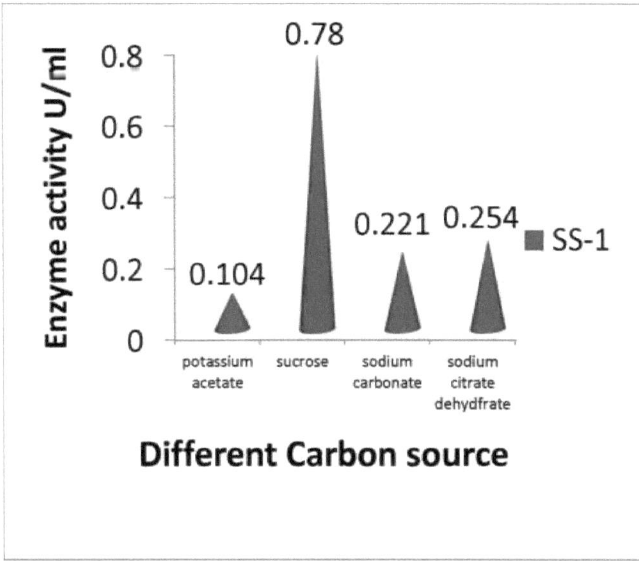

Figura 4.16: Produção de celulase pela SS-1 utilizando diferentes fontes de carbono.

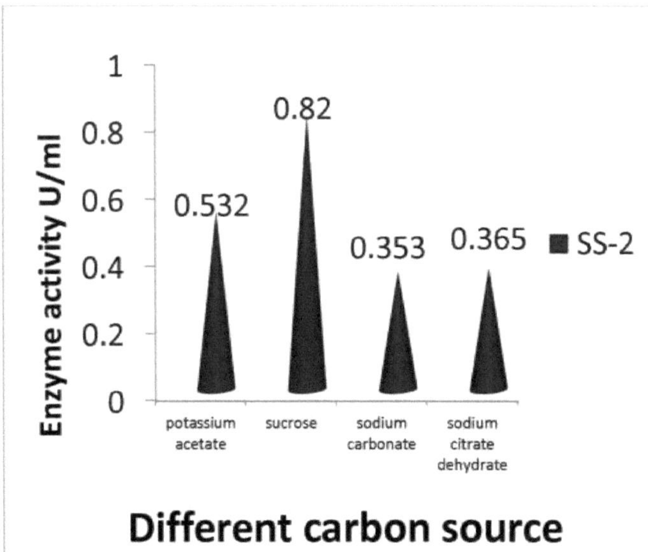

Figure 4.17: Produção de celulase por SS-2 utilizando diferentes fontes de carbono.

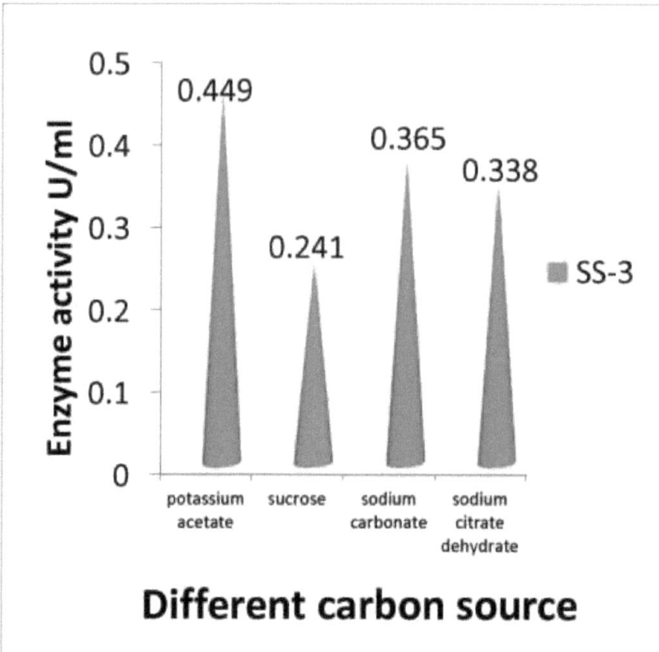

Figura 4.18: Produção de celulase por SS-3 utilizando diferentes fontes de carbono.

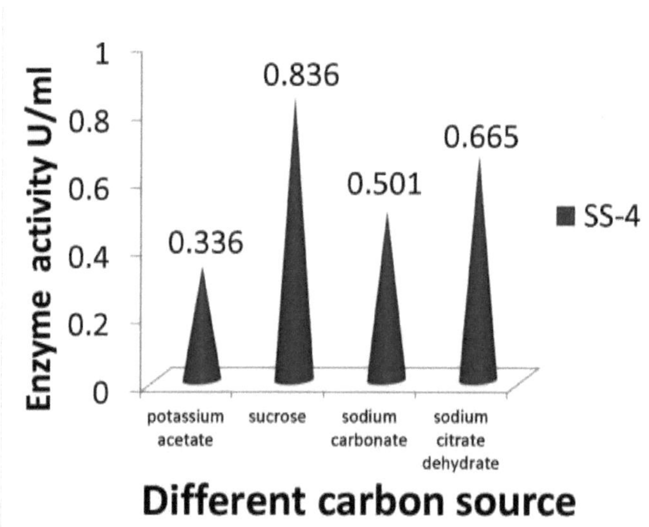

Figure 4.19: Produção de celulase por SS-4 utilizando diferentes fontes de carbono.

4.4.8 Otimização de diferentes temperaturas para a atividade da celulase:

SS-1 dá uma atividade enzimática máxima que foi de 0,773U/ml a 40^0 C na produção de celulase. SS-2, SS-3, e SS-4 também dão uma atividade enzimática mais elevada que foi 1.012U/ml, 0.358U/ml, e 1.029U/ml respetivamente a 40^0 C para a produção de celulase.

Estes quatro isolados apresentaram uma atividade enzimática mínima de 0,442U/ml, 0,753U/ml, 0,290U/ml e 0,450U/ml a 60^0 C, respetivamente, para a produção de celulase e também apresentaram uma atividade enzimática mínima a 30^0 C, 35^0 C, 40^0 C, 45^0 C, 55^0 C, pelo que 40^0 C é a melhor temperatura para a produção de enzima celulase.

A otimização foi realizada incubando o sobrenadante com substrato a 23, 28 e 37°C e as actividades de celulase foram 0,03207, 0,0925 e 0,02173 UI/ml, respetivamente. Assim, a degradação máxima de CMC foi observada a 28°C. A redução da conversão de açúcar foi observada a uma temperatura superior e inferior a 28°C (Narasimha et al. (2006)

Figura 4.20: Produção de celulase por SS-1 utilizando diferentes temperaturas.

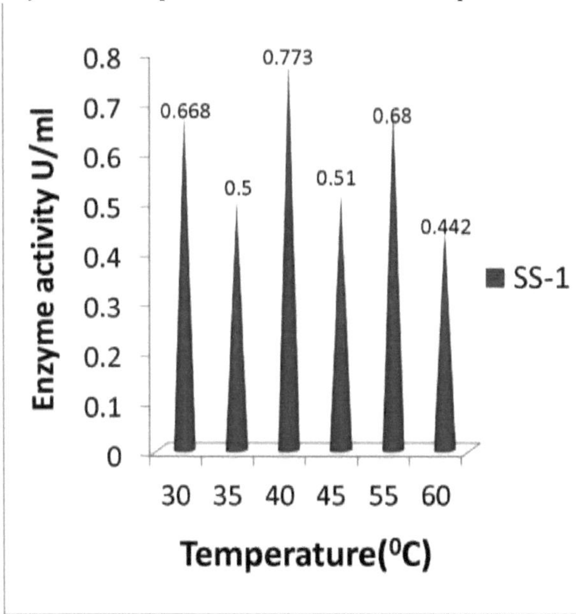

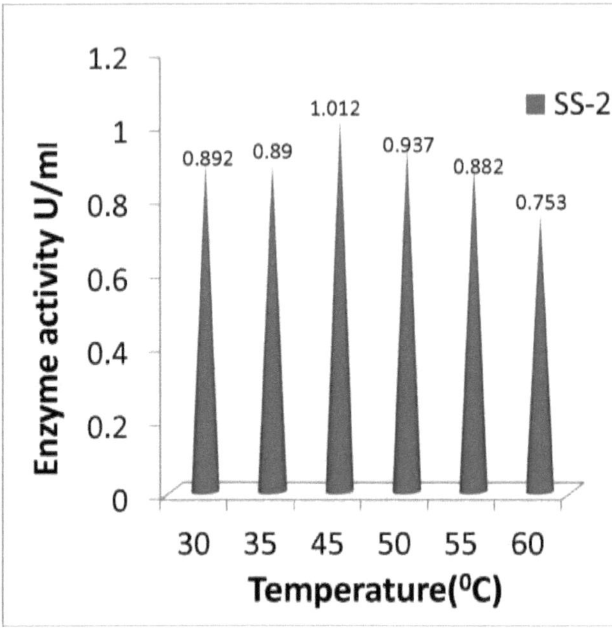

Figura 4.21: Produção de celulase por SS-2 utilizando diferentes temperaturas.

Figure 4.22: Produção de celulase por SS-3 utilizando diferentes temperaturas.

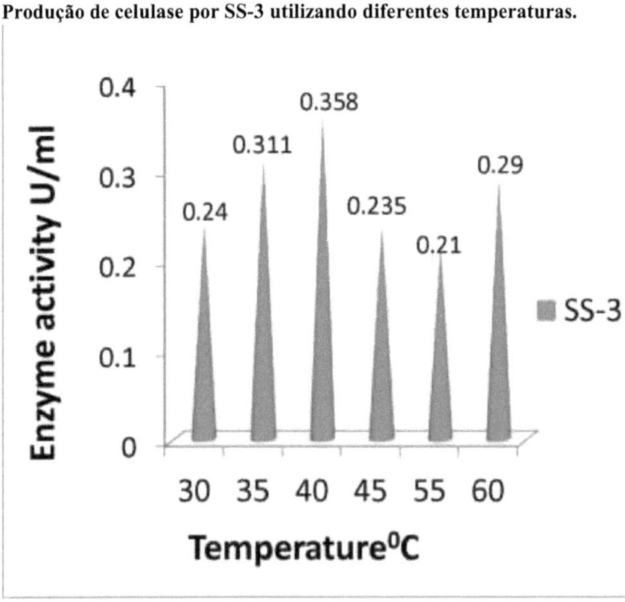

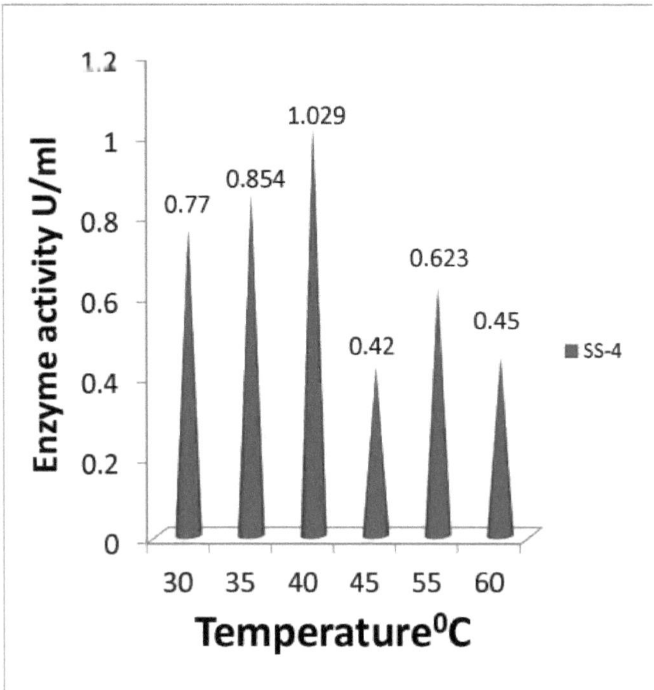

Figura 4.23: Produção de celulase por SS-4 utilizando diferentes temperaturas.

4.4.9 Purificação de celulase a partir de SS-1, SS-2, SS-3 e SS-4.

- O quadro 1 mostra a purificação da celulase por SS-1. A SS-1 foi parcialmente purificada por precipitação com sulfato de amónio a 80%. A pureza da enzima foi 10 vezes superior à da enzima em bruto.
- O quadro 2 mostra a purificação da celulase por SS-1. A SS-1 foi parcialmente purificada por precipitação com sulfato de amónio a 80%. A pureza da enzima foi 6,666 superior à da enzima em bruto.
- O quadro 3 mostra a purificação da celulase por SS-1. A SS-1 foi parcialmente purificada por precipitação com sulfato de amónio a 40%. A pureza da enzima foi 0,543 superior à da enzima bruta.
- O quadro 4 mostra a purificação da celulase por SS-1. A SS-1 foi parcialmente purificada por precipitação com sulfato de amónio a 20%. A pureza da enzima foi 1,53 superior à da enzima em bruto.

Tabela 4.1: Purificação da celulase da SS-1.

	Enzima atividade U/ml	Proteína U/ml	Atividade específica/mg	Purificação Dobrar
Filtrado de cultura	0.0308	0.407	0.0756	1.0
Sulfato de amónio sulfato precipitação (80%)	0.0656	0.238	0.756	10
Diálise	0.1011	0.145	0.697	9.21

Tabela 4.2: Purificação de celulase a partir de SS-2.

Fração	Enzima atividade U/ml	Proteína U/ml	Atividade específica/mg	Purificação Dobrar
Filtrado de cultura	0.0066	0.234	0.02820	1.0
Precipitação com sulfato de amónio (80%)	0.0271	0.144	0.1881	6.666
Diálise	0.0721	0.123	0.5861	2.078

Tabela 4.3: **Purificação de celulase a partir de SS-3.**

Fração	Enzima atividade U/ml	Proteína U/ml	Atividade específica U/mg	Purificação Dobrar
Filtrado de cultura	**0.0161**	**0.301**	**0.53**	**1.0**
Precipitação com sulfato de amónio (40%)	**0.320**	**0.111**	**2.88**	**0.543**
Diálise	**0.0826**	**0.137**	**0.602**	**0.11**

Tabela **4.4: Purificação de celulase a partir de SS-4.**

Fração	Enzima atividade U/ml	Proteína U/ml	Atividade específica U/mg	Purificação Dobrar
Filtrado de cultura	**0.0254**	**0.616**	**0.041**	**1.0**
Precipitação com sulfato de amónio (40%)	**0.0477**	**0.754**	**0.063**	**1.53**
Diálise	**0.0709**	**0.323**	**0.291**	**7.097**

Conclusão:

- A estirpe de tipo selvagem de um *T.ressie* e três *Aspergillus Spp.*, ou seja, SS-1, SS-2, SS-3 e SS-4, apresenta uma atividade enzimática máxima em pó de serra como substrato no meio de produção.
- Entre as estirpes de tipo selvagem, a SS-2 apresentou uma atividade enzimática máxima com palha de arroz e serradura como substrato e a SS-3 apresentou uma atividade enzimática máxima com serradura e bagaço de cana-de-açúcar como substrato.
- Comparação entre quatro substratos (palha de arroz, bagaço de cana-de-açúcar, algodão e serradura), entre os quais o SS-4 apresenta uma atividade enzimática mais elevada.
- De todos os isolados, os fungos SS-1, SS-2, SS-3 e SS-4 apresentaram uma atividade enzimática máxima a 40^0 C após 96 horas de incubação.
- De todos os fungos isolados, SS-1, SS-2, SS-3 e SS-4 deram atividade enzimática máxima a pH 5 após 96 horas de incubação. De todos os fungos isolados, SS-1, SS-2, SS-3 e SS-4 apresentaram atividade enzimática máxima em sacarose como fonte de carbono após 96 horas de incubação.
- De todos os fungos isolados, SS-1, SS-2, SS-3 e SS-4 apresentaram uma atividade enzimática máxima em nitrato de potássio e ureia como fonte de azoto após 96 horas de incubação.
- Entre os quatro fungos isolados, o SS-4 apresenta a atividade enzimática mais elevada com a produção de celulase e pode ser utilizado para um estudo mais aprofundado.

Referência

- Abu EA, Onyenekwe PC, Ameh DA, Agbaji AS, Ado SA (2000). Produção de celulase (E. C. 3. 2. 1. 3) a partir de farelo de sorgo por *Aspergillus niger* SL 1: Uma avaliação do pré-tratamento
Actas da Conferência Internacional sobre Biotecnologia: Commercialization and Food security, Abuja, Nigéria. pp. 153-159.
- Akhtar M.S (1998). Bioconversão de materiais celulósicos pela ação da celulase microbiana 2-9.
- Akiba S, Kimura Y, Yamamoto K, Kumagai H (1995). Purificação e caraterização de uma celulase resistente a proteases de *Aspergillus niger*. J. Ferment. Bioeng. 79(2): 125-130.
- Akiba S. Kimura, Y Yamamato K kumagai H. (1995). Purificação e caraterização de uma ceuulase resistente a proteases de *Aspergillus niger* .J ferment. Bioeng: 125-130.
- Atalla R.H(1990). The structure of cellulose, matrial research society, 8998.
- Baig MMV, Baig MLB, Baig MIA, Ysmeen M (2004). Sacarificação de agro-resíduos de banana por enzimas celulolíticas. Afr. J. Biotechnol. 3(9): 447-450.
- Bayer E. A, lamed R. e himmel M.E. (2007). The potential of cellulase and cellulosome for cellulosic waste management, 237-245.
- Beguin P, Anbert JP (1993). A degradação biológica da celulose.FEMS Microbiol. Rev. 13: 25-58.
- Bergquist, P., V. Teo'O e M. Gibbs. (2002). Expressão de enzimas xilanase de microrganismos termofílicos em hospedeiros fúngicos. Extermófilos, 6: 177-184.
- Bhat M.K (2000).cellulase and related enzyme in biotechnology. Biotechnol Adv, 355-383.
- Bhat MK, Bhat S (1997). Enzimas de degradação da celulose e suas potenciais aplicações industriais. Biotechnol. Adv. 15: 583-620.
- Bisaria V.S e ghose, T.K (1998). Enzyme micribioal technology.3-90.
- Bradford, M.M. (1976). Um método rápido e sensível para a quantificação de quantidades de microgramas de proteína utilizando o princípio da ligação proteína-corante. Anal. Biochem, 72: 248-254.
- Callihan C.D e clemer E. Rose A.H Ced (1979). Lignin occurrence , structure and reaction, academic newyork :271
- Chellapandi P, Jani HM (2008). Produção de endoglucanase pelas estirpes nativas de

isolados de Strptomyces em fermentação submersa.Bra. J. Microbiol 39: 122-127

- Chen, J. e W.E. Stites, (2001). Aumentando a termoestabilidade da nuclease *estafilocócica*: J. Mol. Biol., 303: 125-130.
- Coral G, Arikan B, Unaldi MN, Guvenmes H (2002). Algumas propriedades da carboximetilcelulase bruta da estirpe de tipo selvagem *Aspergillus niger* Z10. Turk. J. Biol. 26: 209-213.
- Cortez J.M , Ellis., Bioshop D.p(2001). Acabamento com celulase e tecidos de algodão em máquinas de jato e de guincho. J biotechnol,: 239-245.
- Coughlan MP (1985). Celulases: propriedades de produção e Biochem. Soc. Trans. 13: 405-406.
- Dariot, D.J., A. Simonetti, F. Plinho e A. Brandeli (2008). Purificação e caraterização da β-glucosidase extracelular de Monascus ouroureus. J Microbiol Biotechnol., 18: 933-941.
- Dedavid, E.S.L.A., F.C. Lopes, S.T. Silveira e A. Brandelli. (2008). Produção de enzimas celulolíticas por *Aspergillus phoenicis* em resíduos de uva utilizando metodologia de superfície de resposta. Appl.Biochem. Biotechnol., DOI 10.1007/s12010-008-8190-7.
- Desai J.D., A.J e Patel N.P(1982). Produção de celulase e B-glucosidase por cultura agitada de fermentação technol., :117-124.
- Duff, S.J.B. e W.D. Murray. (1996). Bioconversão de resíduos celulósicos da indústria de produtos florestais em etanol combustível: uma revisão. Bioresour. Tech., 55: 1-33.
- Eggins, H. e P.J.F., Pugh,. Isolamento de fungos decompositores de celulose do solo. Nature. (McCrery e Genie-Holmes, (1985).,193: 94-95.
- Elad, Y., 2000. Biological control of foliar pathogens by means of *Trichoderma harzianum* and potential modes of action. Crop Protect, 19: 709-714.
- Fadel M. (2000). Fisiologia da produção da enzima celulase e B-glucosidase de *Aspergillus niger* cultivada em condições de fermentação submersa, jornal de ciências biológicas: 401-411
- Galante Y.M Formantici C. (2003). Enzyme application in degenrecy and in manufacturing industy, Curr org. Chem., :1399-1422.
- Gielkens MMC, Dekkers E, Visser J, Graaff LH (1999). Os genes codificadores de duas celubiohidrolases de *Aspergillus niger* requerem DXilose e o ativador de transcrição xilanolítica XlnR para a sua expressão. Appl. Environ. Microbiol. 65(10): 4340-4345.
- Han SJ, Yoo YJ, Kang HS (1995). Caracterização de uma celulase bifuncional e do seu

gene estrutural. J Biol. Chem. 270(43): 26012-26019.

- HariKrishna S, Sekhar Rao KC, Suresh Babu J, Srirami Reddy D (2000). Estudos sobre a produção e aplicação de celulase de *Trichoderma reesei* QM9414. Bioprocess Eng. 22: 467 - 470.
- Howard RL, Abotsi E, Jansen van REL, Howard S. (2003).Lignocellulose Biotechnology: Questão de bioconversão e produção de enzimas. Afr. J Biotechnol. 2(12): 602-619.
- Ilmen M, Saloheimo A, Onnela ML, Penttila (1997). Regulação da expressão do gene da celulase no fungo filamentoso *Trichoderma reesei.* Applied and Environ. Microbiol. 63(4): 1298-1306.
- Jatinder K., Sahab A.H. e Saini H.S (2006). Otimização das condições de cultura para a produção de celulase e xilanase por scytalidium thermophillium utilizando a metodologia de superfície de resposta. World J. Of microbiology and Biotechnology, :169-176.
- Jorgensen H, Eriksson T, Borjesson J, Tjerneld F, Olsson L (2003).Purificação e caraterização de cinco celulases e xilanase de *Penicillium brasilianum* IBI 20888. Enzyme and Microbial Technology. 32: 851-861.
- Kang, S.W., S.W. Kim e K. Kimard, (1994).Produção de celulases e xilanases por *Aspergillus niger* KKS. J. Microbiol. & Biotechnol., de uma $-glucosidase intracelular de um mutante-4(1): 445-743.
- Khan M.A Fakhru I Razi A., Alam M.D Z (2007). Utilização de fungos para a bioconversão de palha de arroz em enzima celulase, J Environ. Sci. Health Part B :381-386.
- Kim H lee, S. B Ryu, D. D Y. e. Resse E.T (1982). Enzyme microbial technology :4-99.
- Kim H., Lee, S.b., Ryu, D.D y.e E.T(1982). Tecnologia microbiana enzimática :4-99.
- Kodali B, Pogaku R (2006). Estudos de pré-tratamento de farelo de arroz para a produção efectiva de celulase. Elect. J. Environ. Agric. Food.Chem. 5(2): 1253-1264.
- Kotchoni OS, Shonukan OO, Gachomo WE (2003). *Bacillus pumilus* BPCRI 6, um candidato promissor para a produção de celulase em condições de repressão de catabolitos. Afr. J. Biotechnol. 2(6): 140-146.
- Krishna, S.H., K. Prasanth, G.V. Chowdary e C. .Ayyanna, (1998). Degradação de fermentação polimérica de folhas de cana-de-açúcar pré-tratadas para etanol. Process Biochem, 38(8): 825-830.
- Kuhad, R.C. e A. Singh, (1993). Melhoria e produção de celulases por *Penicillium citrinum* na fermentação em estado sólido de resíduos celulósicos. W. J Microbiol.

Biotechnol., 9(1): 100-101

- Kuhad, R.C. e A. Singh, (1993). Aumento da produção de celulases por *Penicillium citrinum* na fermentação em estado sólido de resíduos celulósicos. W. J. India, 33-35.Microbiol. Biotechnol., 9(1): 100-101.
- Lejeune R, Nielsen J, Baron GV (1995). Morfologia de *Trichodermareesei* QM 9414 em culturas submersas. Biotechnol. Bioeng. 47: 609-615.
- Li, X Hua-Jun, Yan, Roy B., Wang D Yeu W., jiang L j(2009). A tecnologia mais agitada na futura utilização da enzima celulase e da biomassa, Revista Africana de Biotecnologia: 2418-2422.
- Losane B.K N Ghilid N.P Budeatman S. e Kamakrishna S.V (1995). Enginerring Aspects of solid state fermentation, Enzyme Microb :506- 577.
- Mach RL, Zeilinger S (2003). Regulação da expressão génica em fungos industriais: *Trichoderma*. Appl. Microbiol. Biotechnol. 60: 515-522.
- Mandels M (1985). Application of cellulase. Biochemical society Transaction , : 414-416.
- Mandels M (1985). Applications of cellulases. Biochem. Soc. Trans. 13:414-415.
- McCleary BV, Glennie-Holmes M (1985). Quantificação enzimática de (1-3) (1-4)-_-D-glucano em cevada e malte. J Inst. Brew. 91: 285-295.
- Miller GL (1959). Utilização do reagente de ácido dinitrosalicílico para a determinação de açúcares redutores. Biotechnol. Bioeng. Symp. 5: 193-219.
- Muthuvelayudham R, Viruthagiri T (2003). Produção de proteína celulase utilizando mutantes de *Trichoderma reesei*. Congresso Internacional de Licenciados em Farmácia da Índia. 435-444.
- Muthuvelayudham R, Viruthagiri T, Deiveegan S. (2004). Crescimento melhorado em lactose em cultura em lote. Congresso de Engenharia Química.453- 456.

MIX
Papier aus verantwortungsvollen Quellen
Paper from responsible sources
FSC® C105338

Printed by Books on Demand GmbH, Norderstedt / Germany